당신은 선물이에요

영화로
기억하는
여행의
순간

당신은 선물이에요

김서영 지음

꿈의지도

‘인생’이라는 이 ‘멋진 여행’을 즐겨야 할

_______________ 에게

당신은 하늘이 내게 주신

가장 소중한 선물이에요.

나는 당신을 기억하지 않아요.

당신은 그냥 나한테 스며들었어요.

나는 당신처럼 웃고

당신처럼 울고

당신 냄새를 풍겨요.

내 머리 속의 지우개
A Moment To Remember, 2004

넌

기쁨,

그 자체로구나.

인사이드 아웃
Inside Out, 2015

바람이 불어오면,

때론 바람에

몸을 실을 줄도 알아야 해.

브로큰 트레일
Broken Trail, 2006

길을 건너는 건

그리 어려울 게 없었다.

길 건너편에서

누가 기다려주느냐에 달렸을 뿐.

KARL·SCHENK·HAVS
THEATER AM KÄFIGTURM
653

내가 다른 곳을 보고 있을 때,

나를 보는 그 느낌이 좋아.

비포 선라이즈
Before Sunrise, 1995

당신 덕분에 여기까지 왔네요.

당신은 내가 존재하는 이유이며,
내 모든 존재의 이유예요.

뷰티풀 마인드
A Beautiful Mind, 2001

바로 옆으로 지나가면서도
무엇을 놓치는지조차 모르고 있어.

가끔은,
느 리 게 가 는 것 도
좋을 것 같아.

—
카
Cars, 2006

"당신은 특별해요."

"왜요?"

"모르겠어요,
하지만 특별한 건 분명해요."

아노말리사
Anomalisa, 2015

네가 새로운 걸 보고,

새로운 걸 느꼈으면 좋겠다.

너와는 다른 시각을 가진 사람들을 만나며

후회없는 삶을 살면 좋겠구나.

조금이라도 후회가 생긴다면,

용기를 내서 다시 시작하렴.

벤자민 버튼의 시간은 거꾸로 간다
The Curious Case Of Benjamin Button, 2008

음식의 맛을 결정짓는

향신료처럼,

보이지는 않지만

중요한 것들이 많다.

음식과 삶,

둘 다 맛깔스러워지기 위해선

남들이 보지 못하는 것들,

보이지 않지만

존재하는 것들을

소중히 여겨야 한다.

터치 오브 스파이스
A Touch of Spice, 2003

Olivenmix

세상을 바라보는
당신의 시선이 좋아.

그녀
Her, 2013

Coca-Cola
Tram café
Coca-Cola
CAFÉ
TRAMVAJ
11

아멜리는 갑자기

절대적인 평안을 느꼈다.

모든 게 완벽했다.

따스한 햇살,

미풍의 향기,

도시의 소음…

그녀는 심호흡을 했다.

삶은 단순하고 명료한 것!

아멜리에
Amelie, 2001

내가 왜 바다를 좋아하는지 알아?

바다는 늘 같거든.
여름, 겨울, 사람들은 변하지.
하지만 바다는 절대 변하지 않거든.

그게 나야,

너한테는 내가 바다야.

내 남자의 로맨스
How To Keep My Love, 2004

우리의 인생은,

모두가 함께하는 여행이다.

하루하루를 살아가는 동안

우리가 할 수 있는 건,

최선을 다해

이 멋진 여행을

즐기는 것 뿐이다.

어바웃 타임
About Time, 2013

LA BONNE C

아주 사소한 것들,

그게 가장 중요한 것이죠.

바닐라 스카이
Vanilla Sky, 2001

처음 본 순간,
'아' 하는 느낌이 들었어요.
이야기하고 싶었어요.
같이 있고 싶었어요.

예뻐서.

장미라는 이름을 가진 꽃을

다른 이름으로 불러본들,

아름다운 향기는 그대로인걸!

고
Go, 2001

네게 벌어질 일들을 말해줄게.

넌 아주 강하고

똑똑한 여자로 자랄 거야.

조이
Joy, 2015

SIGHTSEEING
TOURS
ЭКСКУРСИЯ
2AU 9563

오늘 하루도 다시 못 만날지 모르니

하루치 인사를 미리 해두죠.

Good morning,

Good afternoon,

Good night.

트루먼 쇼
The Truman Show, 1998

난 이래서 음악이 좋아,
지극히 따분한 일상의 순간까지도
의미를 갖게 되잖아.

이런 평범함도 어느 순간
갑자기 진주처럼 아름답게 빛나거든.
그게 바로 음악이야.

난 그냥
계속 돌아다니고 싶어.

어떤 곳이든 한 곳에
머물러 살아야 한다고 생각하면
너무 답답해.

계속 배를 타고
그 어디서도 멈추지 않고,
물처럼 흘러가면서 사는 거야.

HÔTEL
GRAND HOTEL EUROPA

살다보면 화나는 일도 많지만
분노를 품어선 안된다.

세상엔 아름다움이 넘치니까.

갑작스럽고 멋진
아름다움을 느끼는 순간
가슴이 벅찰 때가 있다.
터질 듯이 부푼 풍선처럼.

하지만 마음을 가라앉히고
집착을 버려야 한다는 걸 깨달으면
희열이 몸 안에 빗물처럼 흘러
오직 감사하는 마음만 생긴다.

아메리칸 뷰티
American Beauty, 1999

뮈가 현실이고

환영인지는

더 이상 말하기 싫어요.

그런 거에 신경쓰기엔

시간이 아까워요.

카이로의 붉은 장미
The Purple Rose of Cairo, 1985

LEOPOLD
MUSEUM
WELTGRÖSSTE
EGON SCHIELE
SAMMLUNG

"모든 위조품엔 진품의 미덕이 숨어 있다."

베스트 오퍼
The Best Offer, 2013

Perron B
Bern Bahnhof
Linie   Ziel   Abfahrt
Perron C

가야 할 때

가지 않으면 말이야,

가려 할 때는

갈 수가 없어.

세상에서 가장 빠른 인디언
The World's Fastest Indian, 2005

우리가 넘어지는 이유는,

일어나는 방법을

배우기 위한 거란다.

배트맨 비긴즈
Batman Begins, 2005

길이 너무 실없이
끝나버린다고
허탈해 할 필요는 없어.

방향만 바꾸면
여기가 또 출발이잖아.

가을로
Traces of Love, 2006

고개를 들고,

심호흡을 한 번 하고 나면

더 많은 기회가 생길 거예요.

인턴십

The Internship, 2013

살다 보면 어느 순간에
너무 많은 것들을
잃어버릴 때가 있단다.

그럴 땐, 눈을 뜨고
네 자신이 누구인지를 살펴 봐.

특히, 지극히 평범한 남들과 다른
너를 만들어 준 것들이
무엇인지 살펴보렴.

네 자신에게 말해봐.
"나는 바로 이런 사람이다"
그렇게 말하고 나면
네 자신을 사랑할 수 있게 된단다.

이상한 나라의 피비
Phoebe In Wonderland, 2008

갑자기 모든 것이 달라보여요.

당신을 보게 되니 말이에요.

———
라푼젤
Tangled, 2010

8316
JUMEX
www.jumex.cz
JUMEX
www.jumex.cz
spolek

이 세상이 하나의 커다란 기계라고 상상해봐.

기계는 필요없는 부품이 하나도 없어.
만약 세상이 큰 기계라면,
내가 쓸모없는 부품일 리는 없잖아.

난 어떤 이유가 있어서 여기 있는 거야.
너도 마찬가지고!

휴고
Hugo, 2011

당신은,

내가 좀 더 좋은 사람이

되고 싶게 만들어요.

이보다 더 좋을 순 없다
As Good As It Gets, 1997

너는 절대
혼자 있지 않을 거야.

내가 지켜줄게!

정글북
The Jungle Book, 2016

우리는 매일

수천 명의 사람들을 만난다.

그러나 누구도

마음을 만지지는 못한다.

그러다 한 사람을 만난다.

그것은 우리의 삶을

송두리채 바꿔버린다,

영원히.

러브 앤 드럭스
Love And Other Drugs, 2010

우린 답을 찾을 거야,

늘 그랬듯이.

인터스텔라
Interstellar, 2014

고요히 바라보고 있으면
나를 있게 한 존재들이
조각처럼 흩어져 있다.

뚫어져라 바라보면
보이지 않지만,
조용히 바라보면,
분명히 보인다.

나는 우주의 작은 조각이고,
내 역할을 한다.

비스트
Beasts of The Southern Wild, 2012

우리 삶에서
가장 위대한 것은

사랑하는 것이고
또, 사랑받는 것이다.

기억해요.

희망은 좋은 거예요,

어쩌면 제일 좋은 걸지도 몰라요.

그리고 좋은 것은

절대 사라지지 않아요.

쇼생크 탈출
The Shawshank Redemption, 1994

IZLOŽBA
EXHIBITION

소중한 순간이 오면

따지지 말고 누릴 것.

우리에게 내일이 있으리란

보장은 없으니까.

창문넘어 도망친 100세 노인

The 100 year old man who climbed out the window and disappeared, 2013

사랑이란 게
처음부터 풍덩
빠지는 건 줄로만 알았지,

이렇게 서서히
물들어버릴 수 있는 건 줄은 몰랐어.

미술관 옆 동물원
Art Museum By The Zoo, 1998

사물이 아름답기 위해선

특별해 보일 필요가

없다는 것을 깨달았어요.

평범한 것도 그 자체로

아름다울 수 있으니까요.

당신이 사랑하는 동안에
Wicker Park, 2004

Nostro Bistro
NORA
BEPA
* SEABASS: WRAP ME UP SESAME
* BEPA! ROLES
* LAMB
* PASTA A'LA GRDOBINA
* DALMATIAN

당신이 없으니까 모든 것이 엉망이야

오베라는 남자
A man called Ove, 2015

FEAR
IS
NOT
AN
OPTION
VIS
VIENNA
INDEPENDE
SHORTS
International
Film Festival
25 - 31 May 201
viennashorts.co

마음속에 있는

두려움을 이겨내야

건너편에 있는

아름다움을 볼 수 있단다.

굿 다이노

The Good Dinosaur, 2015

Bohemia
GLASS
SKLO
Dana · BOHEMIA
Založeno roku 1933
SKLO · PORCELÁN
Dana
CRYSTAL
Change
Směnárna
Exchange
Wechs
Můstek S
TAXI
AAA
14014

행복은 함께 나눌 때,
비로소 현실이 된다.

인투 더 와일드
Into the Wild, 2007

매일매일을

새롭게 살아가는 거야,

아침에 일어나면

새로운 결심을 하는 거지.

너 자신에게 물어봐.

'오늘 나를 험담하는

바보 같은 말들에

귀를 기울일 필요가 있을까?'

헬프

Help, 2011

단어의 의미를

알고 싶다는 건

누군가의 마음을

정확히 알고 싶다는 뜻.

그건 타인과

연결되고 싶다는

소망 아닐까요?

행복한 사전
The Great Passage, 2013

Flüelen
VIER
+WALDSTÄTTERSEE
www.lakelucerne.ch

선택받는 게 아니라,

선택하는 삶을 살 거예요.

아주 특별한 인생을 말이죠.

전엔 못 보던 것들이

갑자기 눈에 띄기 시작해요.

어쩌면, 보긴 봤는데

무심하게 본 거겠죠.

모든 게 은유가 됐네요.

전엔 못 보던 것들이

데몰리션
Demolition, 2015

어쩌면, 보긴 봤는데

무심하게 본 거겠죠.

우리가 그곳에 서 있을 때,

나는 우리가

단 한 번도 제대로

대화해 본 적이

없다는 걸 깨달았다.

하지만 그날 우리는 시작했다.

그리고 나는

우리가 오랜 시간 동안

이야기를 나눌 거라는 걸

알 수 있었다.

—

플립

Flipped, 2015

우연히,

우연히,

우연히

그러나

반드시.

클래식
The Classic, 2003

오래 사는 것보다

행복하게 사는 게

더 중요하다고 생각해요.

한여름의 판타지아
A Midsummer's Fantasia, 2014

사람들에게 휩쓸리지 말고,

너의 길을 가거라.

철의 여인
The Iron Lady, 2011

변화가 두려워

고통에 안주하는

우리와는 달리,

혼돈의 세월을 견뎌내고

변화에 적응하며

온갖 재난, 약탈을 극복한

그곳을 보면서 난 느꼈어.

어쩌면 내 인생은

내가 생각했던 것만큼

엉망이 아니었는지도 모른다고.

더 나쁜 건 세상 무언가에

집착하는 거라고.

파괴는 선물이야,

파괴가 있어야 변화가 있지.

먹고 기도하고 사랑하라

Eat Pray Love, 2010

유리상자에만

갇혀있지 말고

바다로 나가!

___
도리를 찾아서
Finding Dory, 2016

“어째서 남녀가 서로 끌리는지 생각해본 적 있어요?”

“아마 공기 때문일 것 같아.
성격이나 용모 같은 것보다 우선 공기 같은 게 있어.”

“공기?”

“그 사람이 가지고 태어난 공기.
난 그런 동물적인 감각을 믿어.
말로는 설명할 수 없지만 분명히 있어.”

“설명할 수가 없으니까 멋진 거예요.”

어느 날 석양은 보라색과 분홍색이었다.
그리고 어느 날은 강렬한 주황색에
타오르는 구름들이 수평선에 앉아 있었다.

석양이 지던 그런 어느날
아빠가 말해줬던
'부분이 합쳐졌을 때
무언가 위대한 것이 생겨난다'는 말이
머리에서 가슴으로 느껴졌다.

플립
Flipped, 2010

물속 깊이 내려가면
바다는 더 이상 푸른빛이 아니고,
하늘은 기억 속에만 존재하고,
남은 것은 오직 고요,
고요 속에 머물게 되지.

그랑블루
The Big Blue, 1988

"당신은 환상에 빠진 것 같아."

"당신에게 빠졌지."

"당신은 환상에 빠진 것 같아."

미드나잇 인 파리
Midnight In Paris, 2011

남들이 싫어한다고
자기가 좋아하는 걸
숨기고 사는 것도
바보 같다고 생각해요.

줄리엣의 사랑을 다 알지는 못하지만,

때로는 가족을 떠나고

먼 바다를 건너야 한다 해도,

그 뜨거운 사랑을 느낄 수만 있다면

저라면 용기를 내어 그걸 잡겠어요.

눈물로 엇갈린 운명,

용기로 되돌릴 수 있어요.

eiss

국화꽃 향기
The Scent Of Love, 2003

나무는 한 번 자리를 정하면
절대로 움직이지 않아요.

모든 순간은 말야,

우리 생각보다 훨씬 중요하다는 거지.

갓 헬프 더 걸
God Help the Girl, 2014

사실, 인생을 결정하는
극적인 순간은
놀라울 정도로 사소하다.

엄청난 영향을 끼치고
삶에 새로운 빛을
비추는 일은,
믿을 수 없을 만큼
조용히 일어난다.

그리고
이 멋진 고요함 속엔
특별한 고귀함이 있다.

리스본행 야간열차
Night Train to Lisbon, 2013

네가 사랑하는 사람이 있다면

내일 아침 '하늘이 하얗다'고 해줘.

그게 만일 나라면

난 '구름은 검다'고 대답할 거야.

그러면 서로 사랑하는지 알 수 있는 거야!

———

퐁네프의 연인들

The Lovers On The Bridge, 1991

넌 못할 거란 말,

절대 귀담아 듣지마.

꿈이 있으면 지켜야 돼.

원하는 게 있으면

어떻게든 쟁취해.

행복을 찾아서

The Pursuit of Happyness, 2006

가끔은 사람들이 너를

이해하지 못할 수도 있어.

하지만 그건

네가 특별하기 때문이야.

네이든

X Plus Y, 2014

살다 보면 안 좋은 날도 있지.

아무 걱정 마.

오늘도 행복한 하루가 되게 해줄게.

약속해.

IR
3

우리는 떠나면서

우리의 일부를 남긴다.

공간을 떠날 뿐,

그곳에 머무는 것이다.

그리고

우리 안에 있는 무언가는,

그곳에 다시 돌아가야만

찾을 수 있는 것들이다.

어떤 곳으로 갈 때,

자신을 향한

여행이 시작되며

자신을 알아가게 된다.

그리고

그 여정의 길이는

중요하지 않다.

리스본행 야간열차
Night Train To Lisbon, 2013

아무리 못난 사람도

사랑을 받으면

꽃봉오리처럼

마음이 활짝 열리죠.

그랜드 부다페스트 호텔
The Grand Budapest Hotel, 2014

이 세상에서 제일 좋은 남자예요.

비싼 저녁 식사나 요트는 못 사줘도
매일 아침에 몇 블록을 걸어가서
내가 좋아하는 두유와
튀긴 빵을 사줄 남자.

시절인연
Finding Mr. Right, 2013

měnit

그냥 네가 알아줬으면 해.

내 마음 속에는
네가 한 조각 있고,
난 그게 너무 고마워.

네가 어떤 사람이 되건,
네가 세상 어디에 있건,
사랑을 보낼게.

그녀
Her, 2013

PPERT
Pilsner Urquell
MEET BURGER
Pilsner Urquell
MEET BURGER

우리가 살아가면서 하는 모든 일은

좀 더 사랑받기 위해서가 아닐까?

비포 선라이즈
Before Sunrise, 1995

때로는 사랑 때문에

균형을 깨는 것도

균형있는 삶을

살아가는 과정이에요.

먹고 기도하고 사랑하라

Eat Pray Love, 2010

서로를 이해하려고 할수록

서로의 차이를

더욱 포용하게 될 거예요.

주토피아
Zootopia, 2016

Coca-Cola
Coca-Cola
DELICIOUS AND REFRESHING

난 운 따윈 믿지 않아.

어떤 일이 있더라도
우리가 영원히
함께할 거라는 걸 믿고 있어.

아이 오리진스
I Origins, 2014

28. RIJNA
CAFE TRINITY
Budweiser Budvar

그냥 있어주면 안 돼?
우린 원래 이렇게 싸우잖아.

쉽진 않겠지, 많이 어려울 거야.
매일 이래야 할지도 몰라.

그래도 괜찮아.
네 모든 걸 원하고
매일 같이 있고 싶으니까!

러블리, 스틸
Lovely, Still, 2008

난 달을 좋아해요.
항상 거기 있잖아요.

눈에 보이지 않을 때도
우리 주위를 맴돌고 있어요.

원한다면 내가 달처럼
항상 옆에 있을게요.

그날 밤,

유성을 보며 빌었던 소원은

그 애의 소원 속에

나도 있었으면 하는 것이다.

나의 소녀시대
Our Times, 2015

KARSTADT
Prager Straße
12

기차를 기다리고 있어.

아주 멀리로 데려가 줄 기차지.

가고 싶은 곳은 있지만

어디로 가는 건지는 확실하지 않아.

하지만 그건 그렇게 중요하지 않지,

사랑하는 사람과 함께라면…

인셉션
Inception, 2010

사랑이란

다른 사람이 원하는 걸

네가 원하는 것보다

우선 순위에 놓는 거야.

겨울왕국
Frozen, 2013

더 많이 웃고,

더 많이 사랑하고,

세계를 구경하는 거야.

그저 두려워하지 않으면 돼.

라스트 홀리데이
Last Holiday, 2006

가끔 숨 쉬는 걸 잊어버려

놀랄 때가 있다.

하지만 잊지 않는 것이 있다.

내 불완전함 속에

아름다운 것이 있는 것.

크레이지 뷰티풀

Crazy/Beautiful, 2001

만약 우리가

이 순간을 망친다면

다음에 다시 시도하면 돼요.

또 실패하면

그 다음에 시도하고,

그렇게 우리 인생 동안에

계속 시도하는 거예요.

무드 인디고
Mood Indigo, 2013

우리는 이 세상을 보기 위해서,
이 세상을 듣기 위해서 태어났어.

그러니까
꼭 특별한 무언가가 되지 못해도
우리는, 우리 각자는
다 살아갈 의미가 있는 존재야.

앙: 단팥 인생 이야기
Sweet Red Bean Paste, 2015

둘러봐요.

이 모든 거리, 대로가
그 자체의
특별 예술품이에요.

너에게 어울리는 사람은
진심을 다해서 널 사랑하고
지켜줄 그런 사람이야.

심장이 뛸 때마다 너를 사랑하는 사람,
너를 계속 생각하는 사람,
너가 하루종일 무엇을 할까,
어디있을까, 누구랑 있을까, 괜찮을까
매일 매시간을 생각하며 보내는 사람의
사랑을 받아야 마땅해.

너의 가치를 존중해주고
너의 모든 부분,
특히 너의 단점마저도
사랑해주는 사람 말이야.

러브, 로지
Love, Rosie, 2014

Lift zu|to Gates E
Family Services
Gates A|E
Abflug|Departure
Change
DUTY FREE
ZÜRICH - DUTY FREE

인생에 있어
가장 위대하고
아름다운 여행은,

자신을 발견해가는
모험 속에 있다.

티벳에서의 7년
Seven Years In Tibet, 1997

이 작은 씨앗 안에

저렇게 큰 나무가

될 수 있는 모든 것이 있단다.

단지 시간이

조금 필요할 뿐이야.

벅스 라이프
A Bug's Life, 1998

Transport Museum

모든 게 가능해보여.

아무런 장애물도 없는 것 같고

뭐든 하면 될 것 같아!

행복이라는 건

무언가를 포기하지 않으면

손에 받을 수 없는 거란다.

태풍이 지나가고

After the Storm, 2016

McDonald's
KONGRESOVE
CAS
PARKING
DAHEX

우리 연애는 달콤하지도, 아름답지도,

이벤트로 가득 차 있지도 않았어요.

아무 특별할 것 없는

그저 그런 보통의 연애였어요.

하지만 우리 둘 다 진심이었어요.

진짜 사랑을 했고,

그건 내 인생에서 다시는 일어날 수 없는

가장 영화 같은 일일 거예요.

연애의 온도
Very Ordinary Couple, 2012

Coca-Cola
DELICIOUS AND REFRESHING
Coca-Cola
DELICIOUS AND REFRESHING

하고 싶어서 하는 건 뭐야?

해야 돼서 하는 것 밖에 없잖아.

마음을 푹 놔.

넌 그걸 배워야 돼.

난, 널 포기하지 않아.

빅 히어로
Big Hero 6, 2014

얼마 있지 않아

모두들 알게 될 거야.

모두 각자의 속도가 있다는 것을.

당신이 어딜 가든지,
어느 시간에 머물든지,
그대 옆엔 내가 있어요.

우리가 함께한 시간과
아름다운 추억들,
우리 사랑은 영원해요.

______

송포유
Song for You, 2012

네가 뭘 하든,

널 사랑하고 축복한단다.

앵그리스트맨
The Angriest Man in Brooklyn, 2014

K ENTRANCE K

상처받은 것을 치유하고,

정해진 운명을 바꿔.

———
라푼젤
Tangled, 2010

세상을 보고

무수한 장애물을 넘어

벽을 허물고

더 가까이 다가가

서로를 느끼는 것.

그것이 바로

우리가 살아가는

인생의 목적이다.

월터의 상상은 현실이 된다
The Secret Life of Walter Mitty, 2013

움츠리지 말아요.

용기를 낸다는 게 어렵다는 건 알지만

때론 이 넓은 세상이 당신을 뒤흔들고

어둠 속의 당신이 보잘 것 없어 보여도

그냥 웃어봐요.

당신이 힘든 건 싫어요.

아름다운 당신의 진짜 모습을

꽁꽁 감춰진 당신의 진실함을

난 이미 가슴으로 느꼈어요.

두려워 말고 보여줘요,

무지개처럼 아름다운 당신의 모습을.

송포유
Song for You, 2012

우리한테는,

서로가 있으니

두렵지 않아.

의학, 법률, 경제, 기술 따위는
삶을 유지하는데 필요해.
하지만 시와 미, 낭만, 사랑은
삶의 목적인 거야.

마음이란 건

물과 같아서,

뒤흔들릴 땐 보기가 어려워.

차분하게 가라앉혀야

그 해답이 명확해지지.

쿵푸팬더
Kung Fu Panda, 2008

한 번의 도전이 끝났다고 해서
우리의 삶이 멈추는 건 아닐 것이다.

우리를 망설이게 했던 건
사소한 것에 불과했고,
무모하고 위태로운 선택들이
오히려 우리를 용기 낼 수 있게 했다.

이제 우리는 길을 헤매거나
멈출 수밖에 없는 날이 오더라도
다시 한걸음 나아가는 걸
결코 망설이지 않을 것이다.

잉여들의 히치하이킹
Lazy hitchhikers' tour de europe, 2013

수많은 사람들이

당신의 버팀목이 되고 있고,

당신 또한

다른 사람의 버팀목이

되어주고 있다는 것을

절대 잊지 않기를.

당신은 이 세상에

없으면 안되는 존재라는 걸.

<hr>

컬러풀
Colorful, 2010

최대한 단순해져라.

그럼

당신의 삶이

놀랍도록 평온해질 것이다.

잡스

Jobs, 2013

쉽지 않아도 좋아요,

가능성만 있다면.

소울 서퍼
Soul Surfer, 2011

별들은

낮 동안 숨어 있던 곳에서

선회해서 나오죠.

그리고 수많은 별들을 가르고

조금 더 밝은 빛을 내는 불빛이

내가 타고 있는 비행기일 거예요.

인 디 에어
Up In The Air, 2009

나는 해피엔딩이 좋아요!

초콜렛 도넛
Any Day Now, 2012

혼자라도 상관없다고 생각했다. 비단 여행뿐 아니라 인생도 어차피 혼자 가는 것이라고, 지금 당장 내 주변에 사람이 없어도 언젠가 내가 높은 위치에 올라가면 사람들은 알아서 나에게 다가올 것이라고 그렇게 믿었던 것 같다.

그래서 나와 맞지 않는다거나, 도움이 되지 않는다고 생각되면 대화를 더 깊이 나누고 맞춰보려는 노력 없이 혼자 관계를 단정 짓고 인연을 끊어냈다.

나는 멀리 떠나오고 나서야 그것이 얼마나 어리석은 생각이었는지 깨달았다. 내가 어디에 있는지 보다 누군가와 함께 하는지가 더 중요하다는 사실을.

여러 나라를 돌며 많은 사람들과 동행을 하게 되었다. 그곳에서 참 좋은 친구들과 언니, 오빠들을 알게 되었다. 처음 보는 사람들이었지만 그래서 오히려 더 편했고, 즐거웠다.

유럽에 있는 동안 날씨는 내내 해가 뜨고 비가 오기를 반복했다.
마치 변덕이 심한 내 성격 같았다.

낯선 곳에서 강풍과 비바람을 마주했을 때, 내 옆에 아무도 없었다면 어땠을까?
나 혼자 그 시간들을 보냈으면 어땠을까?
아마 난 실패한 여행을 보냈다고 생각했을지도 모르겠다.

궂은 날씨였지만 함께한 사람들이 있었기에 여행 내내 웃을 수 있었다.
물론, 아름다운 것을 함께 봤을 때에는 행복이 배가 되었다.

여행을 다녀오고 나서야 누군가와 함께 한다는 것, 누군가가 내 옆에 있다는 그 자체
가 값지고 소중하다는 것을 깨달았다. 인연은 쉽게 끊어내서는 안 된다는 것을 뒤늦
게나마 느낄 수 있었다.

여행이 내 삶에 있어서 어떤 중요한 선택을 하게 만든다거나, 큰 영향을 주지 않아도
좋다. 그저 지금처럼 지나간 나를 돌아보고, 현재를 느끼고, 앞으로의 삶에 대해 생
각할 시간을 가질 수 있다면 그것만으로도 충분하다. 나는 여행에 돌아와서야 비로
소 진정한 여행을 경험하고 있다.

놓치고 싶지 않은 순간들을 필름 카메라에 담았고,
소중한 사람들에게 해주고 싶었던 말들은 영화의 힘을 빌렸다.

책을 보며 떠오르는 사람들의 소중함을 잊지 않길 바란다.
그리고 그 속에서 빛나고 있는 자신 또한 특별한 존재임을 느꼈으면 좋겠다.

당신은 선물이에요

2016년 10월 26일 초판 1쇄 펴냄

지은이　김서영
발행인　김산환
책임편집　조연수
디자인　이아란
영업 마케팅　정용범
펴낸곳　꿈의지도
인쇄　두성 P&L
종이　월드페이퍼

주소　경기도 파주시 광인사길 217, 3층
전화　070-7535-9416
팩스　031-955-1530
홈페이지　www.dreammap.co.kr
출판등록　2009년 10월 12일 제82호

979-11-87496-07-6 13980